JN291711

科学のアルバム

イネの一生

守矢　登

あかね書房

もくじ

構成●七尾　純
指導●太田保夫
取材協力●佐々木廣
イラスト●渡辺洋二
林　四郎
装丁●画工舎

科学のアルバム

イネの一生

守矢　登（もりや　のぼる）

一九三一年、長野県諏訪《すわ》市に生まれる。
めぐまれた環境《かんきょう》のなかで、幼《おさな》いころから自然《しぜん》の動植物の生態《せいたい》に興味《きょうみ》をおぼえる。
一九五〇年、上京。日本国有鉄道（現ＪＲ）に就職《しゅうしょく》。勤務《きんむ》の余暇《よか》は登山に熱中《ねっちゅう》し
日本全国の山やまを歩きまわる。そのかたわら、山岳《さんがく》写真、植物写真、
動物写真を撮《と》りつづけ、学習、科学雑誌《ざっし》などに発表して注目を集める。
退職《たいしょく》後《ご》はフリーカメラマンとして、丹沢山塊《たんざわさんかい》の自然、
日本の桜《さくら》、森の生物などをテーマにとりくんでいる。
著書《ちょしょ》に「サクラの一年」「水草のひみつ」（共にあかね書房）がある。

●田植《たう》え機《き》をつかった田植《たう》え。

イネのたねは、米《こめ》です。
米《こめ》は、食《しょく》りょうとして
わたしたちの生活《せいかつ》と
ふかいつながりがあります。
イネは、どのようにして
つくられるのでしょう。

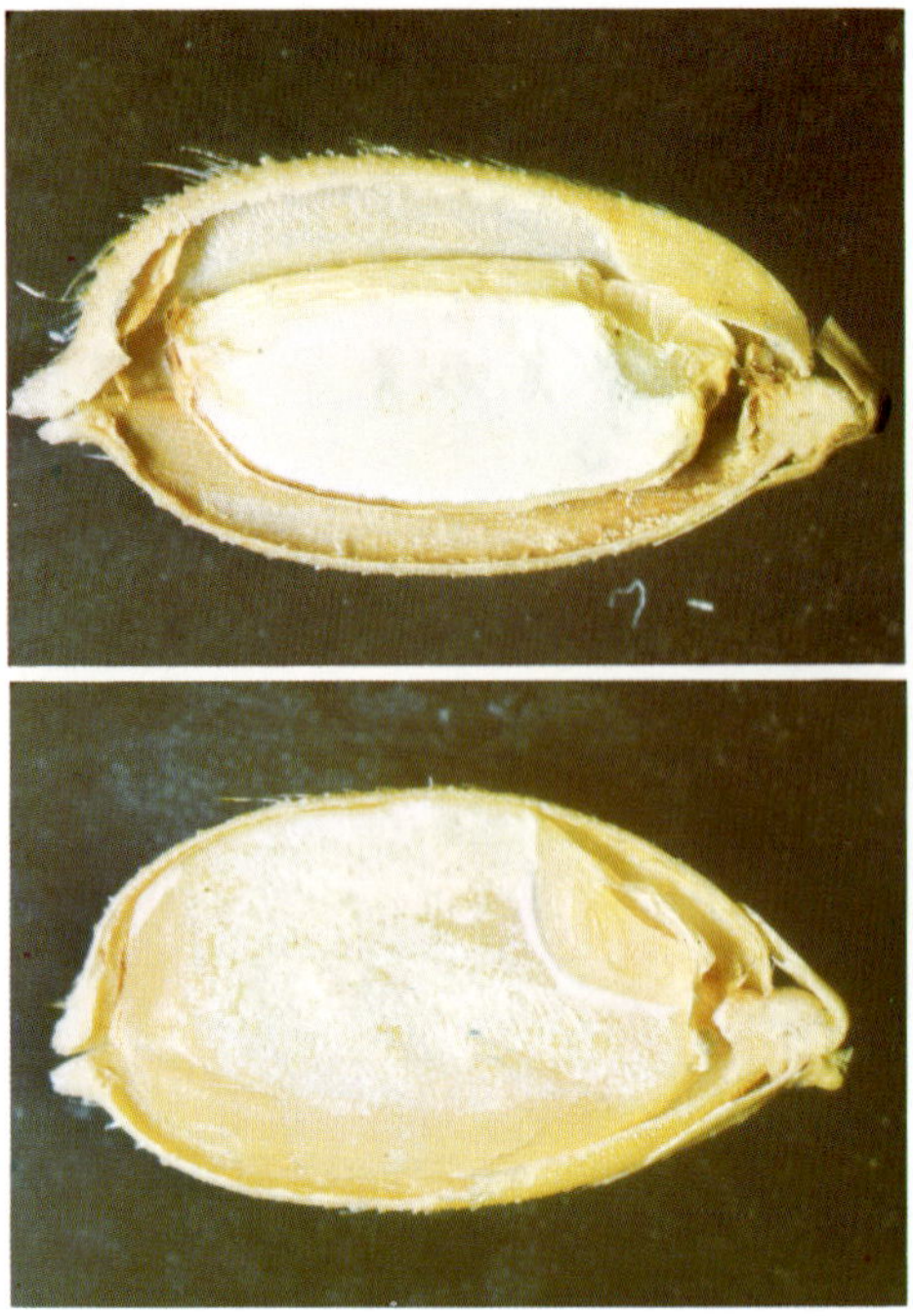

↑悪《わる》いたね(上《うえ》)とよいたね(下《した》)。なかみのつまりかたがちがう。

↑よいたねをえらぶには，食塩《しょくえん》水《すい》にひたし，しずんだおもいたねだけをとりだす。

四月《がつ》十日《か》　たねまき

じょうぶなイネをそだてるために、まず、よいたねをえらばなければなりません。食塩《しょくえん》水《すい》にたねをひたして、よいたねだけをよりわけます。

よりわけたよいたねは、病気《びょうき》がうつらないようにしょうどくしてから、めがでやすいように、七日《か》ほどのあいだ、水《みず》につけておきます。

たねが、水《みず》をすってふくらんだら、たねまき機《き》で、なえをそだてるはこにまきます。そして、たねがかくれるように土《つち》をかぶせ、水《みず》をまいて、ハウスなどでそだてます。

※カラーページの月日《つきひ》は、おもに東北《とうほく》地方《ちほう》の日本海側《にほんかいがわ》におけるイネづくりの日《ひ》づけです。

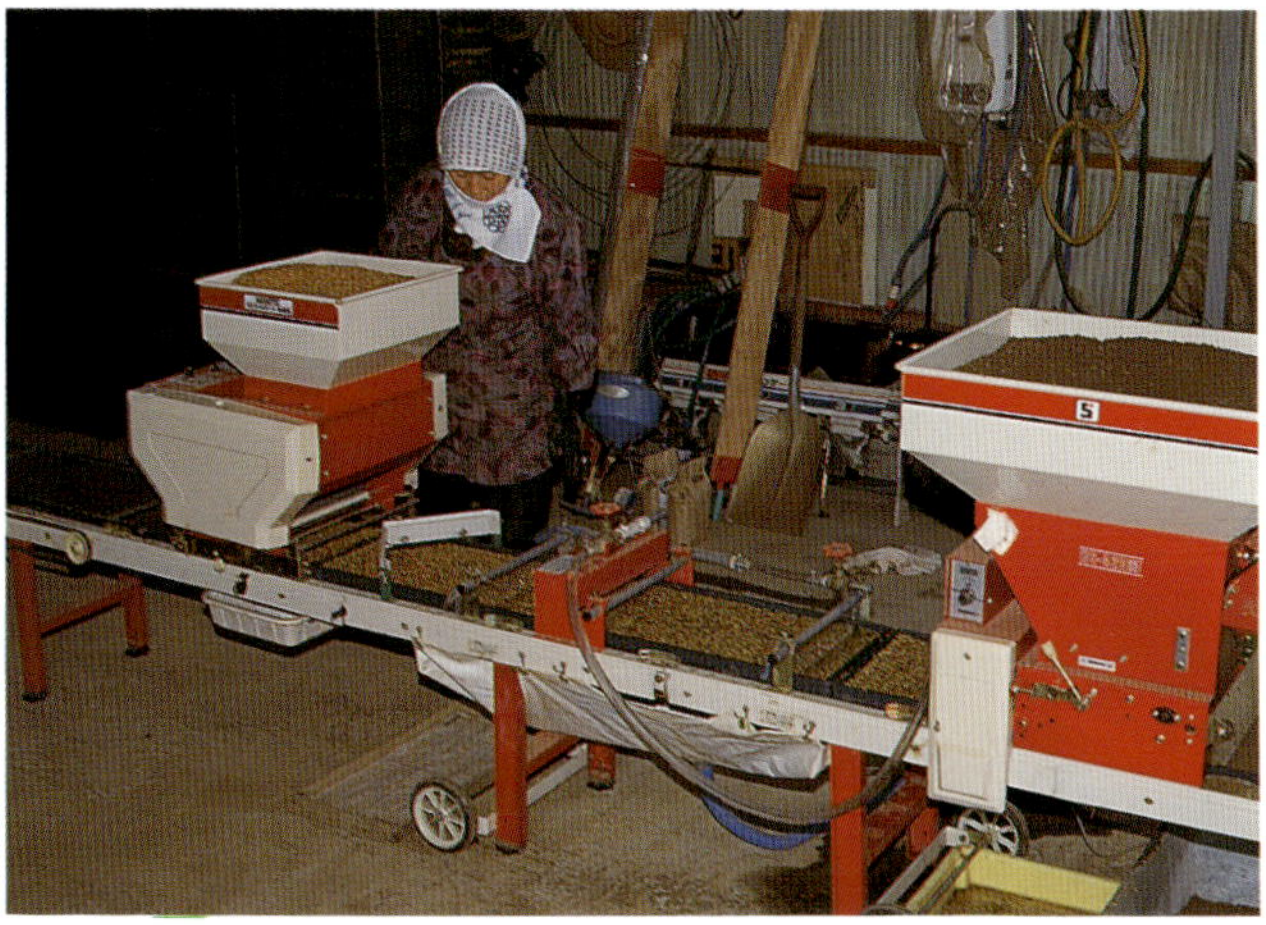

↑たねまき機《き》で，なえばこにたねをまく。田《た》植《う》えのときに機械《きかい》をつかえるように，なえばこは一定《いってい》の大《おお》きさにそろえてある。

↑なえをそだてるハウス。外《そと》はまだ冬《ふゆ》がれで，山《やま》には雪《ゆき》がつもっている。手《て》まえは，たがやすまえの田《た》。

↓なえばこがならべられたハウスの中《なか》。ここで，まいたたねを寒《さむ》さや病気《びょうき》，害虫《がいちゅう》からまもるとともに，生長《せいちょう》によい温度《おんど》や水分《すいぶん》，光《ひかり》などを調整《ちょうせい》しながらそだてる。

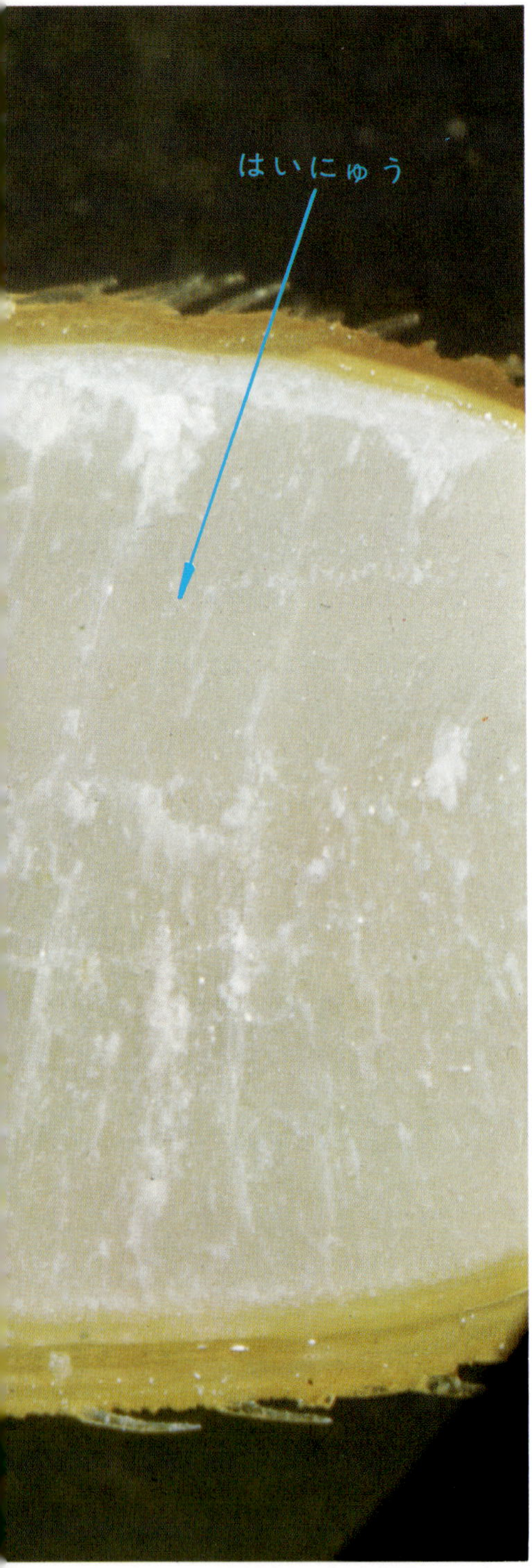

↑水分《すいぶん》をすって，２～３日《にち》でめをだす。

たねのしくみ

たねは、えいというもみがらでつつまれています。えいをとったものをげん米《まい》とよび、まわりはうすい種皮《しゅひ》でおおわれ、中《なか》には、はいとはいにゅうがあります。

はいは、めとねのもとになる部分《ぶぶん》です。はいにゅうは、はいが生長《せいちょう》するのにひつような養分《ようぶん》をたくわえています。

⬆たねのしくみ。はいの部分《ぶぶん》から，めとねが生長《せいちょう》をはじめている。

もみがらをわって，子葉《しよう》とねがでてくる。

四月《がつ》十三日《にち》　めがでた

てきとうな温度《おんど》とじゅうぶんな水《みず》、そして空気《くうき》（さんそ）や光《ひかり》をあたえると、たねは三～四日《か》でめをだし、どんどん生長《せいちょう》していきます。

イネの子《し》葉《よう》のかたちをみてください。

➡子葉《しよう》から、ほん葉《ば》がつぎつぎにでてくる。

⬅ふた葉《ば》のアサガオの子葉《しよう》(右《みぎ》)と、一まい葉《ば》のトウモロコシの子葉《しよう》とほん葉《ば》(左《ひだり》)。

アサガオやヒマワリの子葉《しよう》は、ふた葉《ば》ですが、イネやトウモロコシの子葉《しよう》は先《さき》がとがった一まいだけの葉《は》です。

子葉《しよう》のつきかたもみてください。イネの子葉《しよう》は、さやのようになっていて、その中《なか》にすっぽりと、ほん葉《ば》をつつみこんでいます。

さらに二〜三日《にち》するうちに、子葉《しよう》の上《うえ》のほうからつきでるようにして、ほん葉《ば》がつぎつぎにあらわれます。

はじめにでてきたほん葉《ば》は、すぐに生長《せいちょう》をやめてしまいますが、つぎにのびてきたほん葉《ば》からは、大《おお》きく生長《せいちょう》をしていきます。

→めのでるころ(右《みぎ》)とめがでて十五日《にち》め(左《ひだり》)のはいにゅう。
←ねがじゅうぶんそだちきったころ、たねはからになっている。

はいにゅうのやくめ

生長《せいちょう》がすすみはじめた、たねの中《なか》のようすをしらべてみましょう。

はいにゅうは、水分《すいぶん》をたくさんふくんでやわらかくなり、手《て》でつぶすと白《しろ》いちちのようなしるがでてきます。

はいにゅうにふくまれている養分《ようぶん》は、でんぷん、たんぱくしつ、しぼうなどです。これらは、子葉《しよう》、ほん葉《ば》、ねなどが生長《せいちょう》するあいだにどんどんつかわれて、へっていきます。

はいにゅうの養分《ようぶん》がつかいはたされるころには、ねやほん葉《ば》がすっかりそだって養分《ようぶん》をつくりはじめ、からっぽになったもみがらは、ねもとからはなれてしまいます。

←イネのねは，たねからでるねと，ねもとからでるひげねからなる。
↓ふた葉《ば》の植物《しょくぶつ》（アサガオ）のねは，ふといねを中心《ちゅうしん》にえだわかれしてのびている。

ねのはたらき

たねからでているねは、はじめは一本《ぽん》だけですが、日《ひ》がたつにつれて五本《ほん》にふえます。

さらに生長《せいちょう》がすすみ、くきのねもとがしっかりしてくると、こんどは、ねもとの節《ふし》からつぎつぎにひげねをのばしはじめます。ひげねは、一かぶで、約《やく》五百本《ひゃっぽん》から千本《せんぼん》くらいにもなります。

ねのつきかたを、アサガオとくらべてみると、ひげねのとくちょうがはっきりします。でも、やくわりは同《おな》じです。土《つち》の中《なか》の養分《ようぶん》や水分《すいぶん》をきゅうしゅうして、くきや葉《は》におくるのです。

↑どんどん生長《せいちょう》するひげね。このころには，はじめにたねからでたねは，かれる。

⬆4月《がつ》下《げ》旬《じゅん》，田《た》植《う》えがちかづき，こううん機《き》で田《た》をたがやす。たがやすことによって土《つち》をやわらかくし，土《つち》のあいだにイネのねにひつような空気《くうき》をおくりこむ。このとき，ひりょうもいっしょにすきこむ。

↑たがやした田《た》に水《みず》をひき，機械《きかい》で土《つち》をたいらにならす。これは“しろかき”といって，なえをうえやすくするための下《した》ごしらえだ。これからさき，イネをそだてる田《た》を本田《ほんでん》という。

→すくすくそだち，田植《たう》えの出番《でばん》をまつなえ。なえは個人《こじん》のハウスでそだてる場合《ばあい》もあるが，農協《のうきょう》のハウスでそだてて，田植《たう》えのときに農家《のうか》にくばることもある。

←早朝《そうちょう》のイネの葉《は》に光《ひか》る水玉《みずたま》。夜間《やかん》，よぶんな水《みず》を，葉《は》のふちにある小《ちい》さなあなから，外《そと》へすてるときにおきる現象《げんしょう》。田植《たう》えがちかづいたころのなえによくみられる。

➡せたけが、約《やく》二十センチメートルにそだち、ほん葉《ば》が六まいくらいになると、なえを本田《ほんでん》にうえかえる。ただし、これは手《て》うえの場合《ばあい》で、機械《きかい》うえのときは、四～五まいになるとうえかえる。

↙今《いま》は、田植《たう》えはほとんど機械《きかい》でおこなわれる。なえばこでそだてたなえを機械《きかい》にセットして、あとはうえるだけ。水田《すいでん》は機械《きかい》があつかいやすいように、区画整理《くかくせいり》され、面積《めんせき》もひろい。

五月《がつ》十日《か》　田植《たう》え

たねまきから約《やく》三十日《にち》くらいして、ほん葉《ば》が三～五まいに生長《せいちょう》すると、いよいよ田植《たう》えです。

なえばこからだしたなえを、田植《たう》え機《き》にセットし、二～三本《ぼん》ずつ一かぶにして、じゅんびしていた本田《ほんでん》に、きそくただしくうえていきます。

かぶとかぶのあいだをひろげ、葉《は》が光《ひかり》をうけやすく、また地中《ちちゅう》にねがひろがりやすくするのが、田植《たう》えのねらいです。

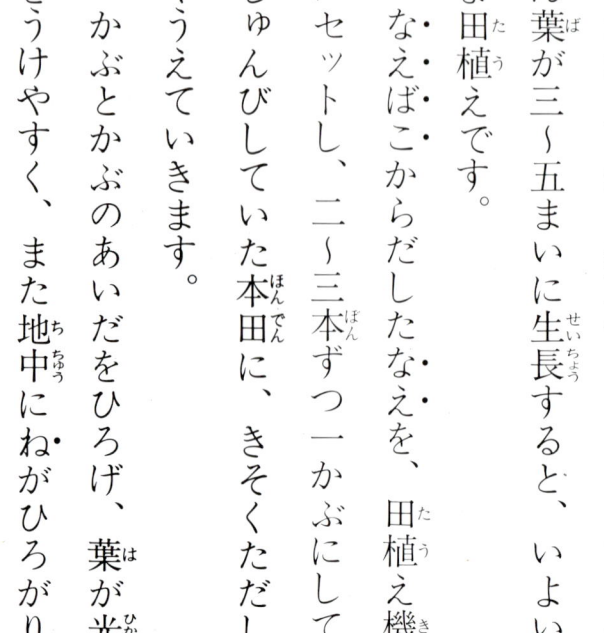

←ひとむかしまえの田植《たう》え。おなじしせいで、長時間《ちょうじかん》かかる田植《たう》えは、つらい仕事《しごと》だった。水田《すいでん》は、その土地《とち》の地形《ちけい》をいかしながらつくられていたので、かたちや大《おお》きさもさまざまだ。

ふた葉《ば》の植物《しょくぶつ》の葉脈《ようみゃく》は，あみの目《め》のようにれんらくしあっている。

イネの葉《は》。葉脈《ようみゃく》とよばれる管《くだ》が，平《へい》行《こう》にはしっている。

葉《は》のはたらき

イネの葉《は》は、たいらな部分《ぶぶん》と、さやのようになった部分《ぶぶん》からできています。たいらな部分《ぶぶん》は、日光《にっこう》と空気《くうき》と、ねからすいあげた水《みず》で、養分《ようぶん》をつくります。

さやは、くきをまわりからつつむようにでていて、くきと同《おな》じようなかたちをしています。

さやのやくめは、葉《は》でつくった養分《ようぶん》を、これからの生長《せいちょう》や、たねをみのらせるためにたくわえることです。もう一つは、水田《すいでん》の土《つち》の中《なか》は空気《くうき》が少《すく》ないので、空気《くうき》をさやの中《なか》のすきまにいれてねにおくり、ねの生長《せいちょう》をたすけることです。

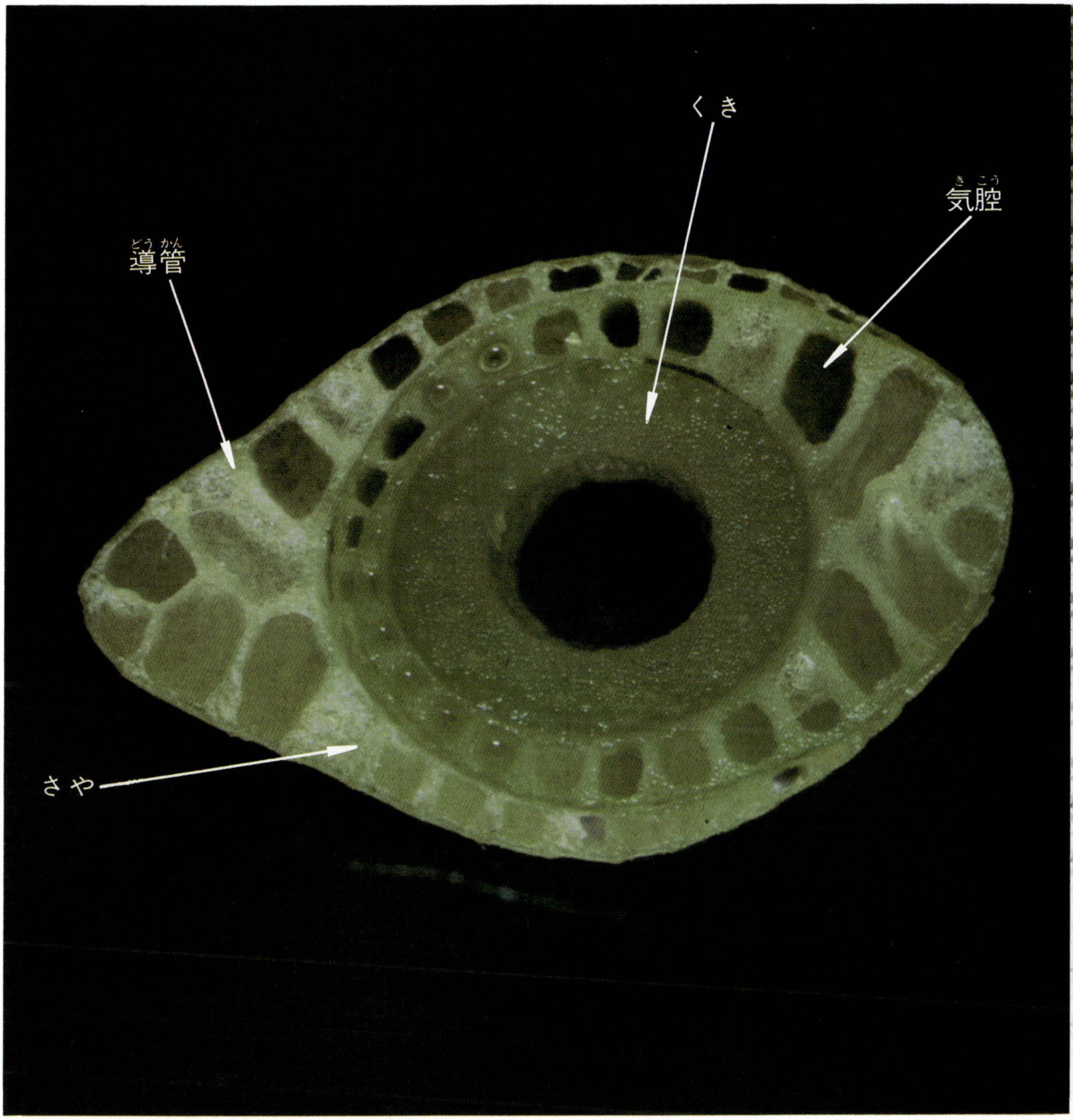

⬆イネのさやとくきの断面《だんめん》。さやはくきの節《ふし》の部分《ぶぶん》でつながり，導管《どうかん》と気腔《きこう》をもっている。導管《どうかん》は，葉《は》やくきに水分《すいぶん》や養分《ようぶん》をおくり，気腔《きこう》は，ねに空気《くうき》をおくるやくめをしている。

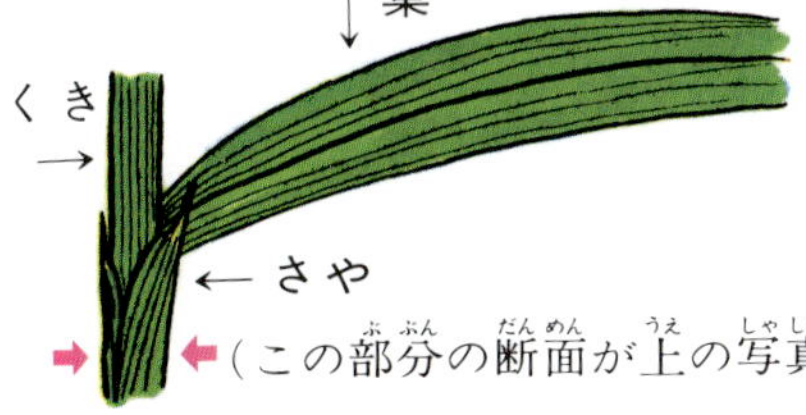

（この部分《ぶぶん》の断面《だんめん》が上《うえ》の写真《しゃしん》）

⬆イネが，くきや葉《は》をつぎつぎとえだわかれさせていく時期《じき》は，たっぷりと水《みず》をひつようとする。このころは，山《やま》からゆたかな雪《ゆき》どけ水《みず》がながれてくるだけでなく，つゆの季節《きせつ》にあたり，天《てん》からの水《みず》も水田《すいでん》をうるおしてくれる。

分《ぶん》けつした葉《は》のさやの中《なか》には，新《あたら》しい葉《は》が生長《せいちょう》しはじめている。

親《おや》くきのねもとから右《みぎ》，左《ひだり》とじゅんじょよく葉《は》が生長《せいちょう》していく。

分《ぶん》けつ（かぶわかれ）

つゆがあけ、気温《きおん》がぐんぐんあがると、イネは、さかんに生長《せいちょう》します。

イネは、ほかの植物《しょくぶつ》がえだをふやして大《おお》きくなるように、ねもとからつぎつぎにくきをふやして大《おお》きくなっていきます。

イネのえだわかれを分《ぶん》けつといいます。

分《ぶん》けつは、たねからでた親《おや》くきのねもとの節《ふし》から新《あたら》しいめがでます。このめは、生長《せいちょう》してくきになります。新《あたら》しく生長《せいちょう》したくきからは、孫《まご》くきがでてきます。

このようにくきは、どんどん分《ぶん》けつをしてかぶを大《おお》きくし、せたけもぐんぐんのびていきます。

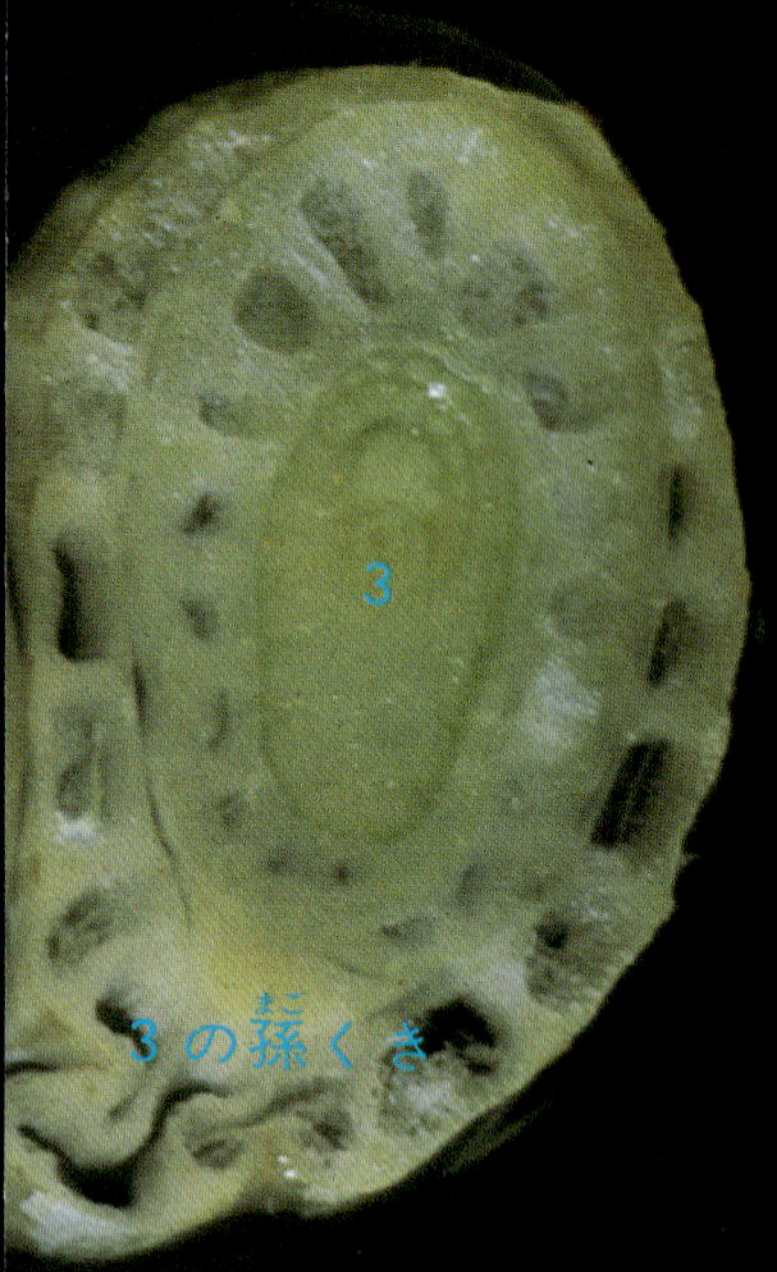

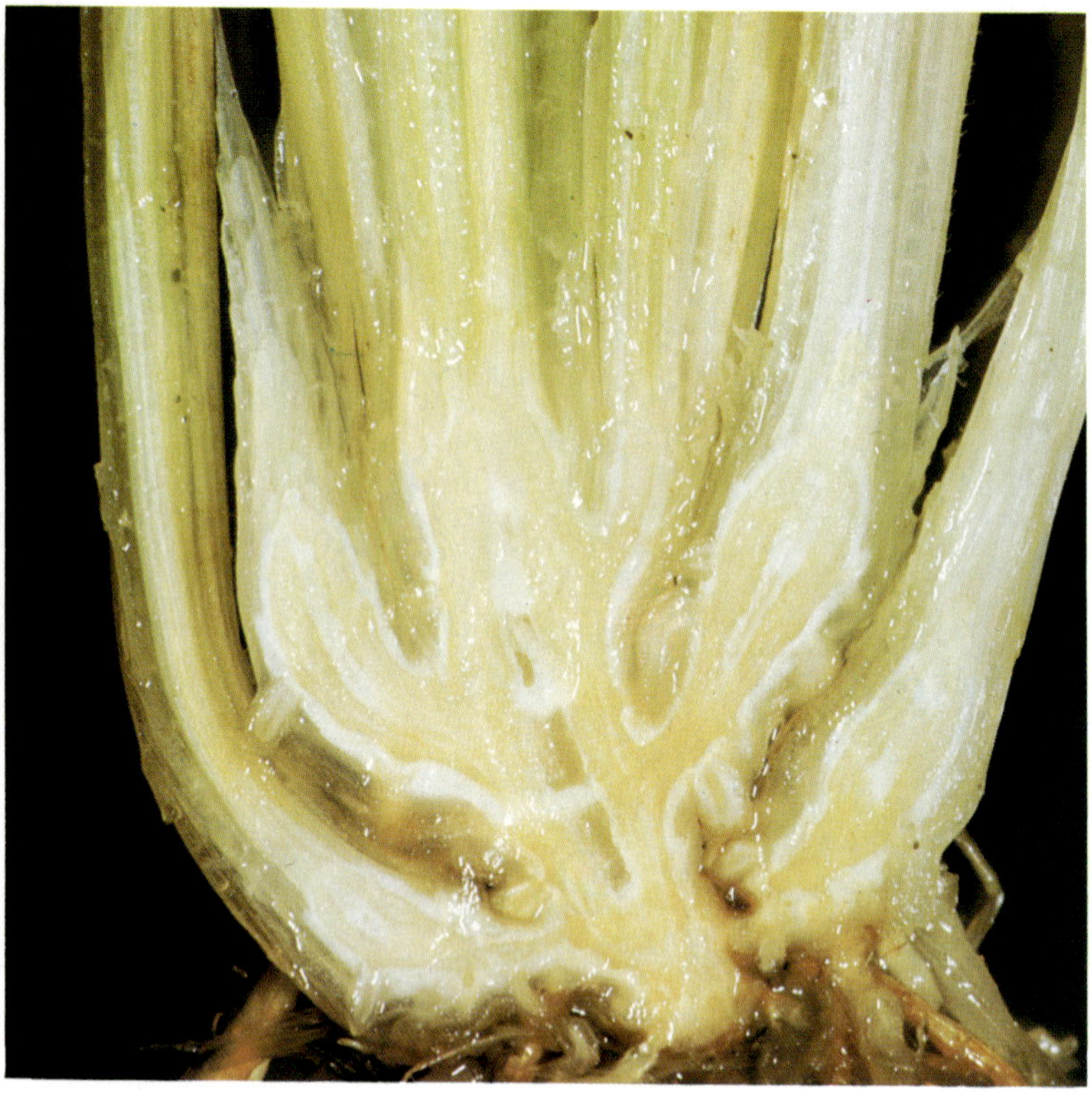

⬆くきをたてにきってみると，分《ぶん》けつのようすがよくわかる。親《おや》くきを中心《ちゅうしん》に，くきの節《ふし》ごとに子《こ》のくきがわかれて生長《せいちょう》している。

⬅分《ぶん》けつのじゅんじょはきまっていて，かならず右《みぎ》と左《ひだり》にわかれていく。子《こ》のくきから孫《まご》のくきがでるときも同《おな》じように，きそくただしくわかれる。こうして，くきは７～８本《ほん》にもふえていく。

5
1
4
2の孫《まご》くき
2

⬆ヒエも食《しょく》りょうにすることがあるが，イネをつくるときは，まじるとやっかいな雑草《ざっそう》になる。

⬅ウキクサは，みるみるうちにふえて水面《すいめん》をびっしりおおうようにうかぶ。水《みず》のながれにのって，いくさきざきでふえる。

⬇コナギ(右《みぎ》)やヒルムシロ(左《ひだり》)は，しっかりとねをはり，厚《あつ》い葉《は》をひろげてイネの生長《せいちょう》をじゃまする。水田《すいでん》にはえる雑草《ざっそう》のおおくは，イネづくりが日本《にっぽん》につたわったときにいっしょにやってきて，すみついた植物《しょくぶつ》だと考《かんが》えられている。

←ひとむかしまえまで，水田《すいでん》の雑《ざっ》草《そう》とりは時間《じかん》のかかる重労働《じゅうろうどう》だったが，いまは多《おお》くの水田《すいでん》で薬《くすり》をまいて雑草《ざっそう》が生《は》えないようにしている。なかには，薬《くすり》をつかわずに，アイガモを水田《すいでん》にはなして雑草《ざっそう》たいじをしている農家《のうか》もある。アイガモは水田《すいでん》を歩《ある》きまわって雑草《ざっそう》を食《た》べるだけでなく，害虫《がいちゅう》も食《た》べるので，病虫害《びょうちゅうがい》の予防《よぼう》にも役立《やくだ》っている。そのうえ，糞《ふん》は水田《すいでん》の肥料《ひりょう》にもなる。

水田《すいでん》の雑草《ざっそう》

雑草《ざっそう》は、イネの生長《せいちょう》のじゃまものです。イネにあたえたひりょうをよこどりしたり、太陽《たいよう》の光《ひかり》をさえぎったり、水面《すいめん》をおおって、水温《すいおん》をさげてしまったり、イネの生長《せいちょう》をよわめて、病気《びょうき》の原因《げんいん》になったりもします。

ヒエは、イネとよくにた草《くさ》で、ほがでるころまではみわけにくく、イネにまじって養分《ようぶん》をよこどりして生長《せいちょう》します。

ウキクサ、ヒルムシロなどの水草《みずくさ》は、水田《すいでん》をびっしりおおいつくすので、水温《すいおん》があがらず、水中《すいちゅう》のさんそもふそくしてしまいます。

水田《すいでん》の雑草《ざっそう》をとりのぞく作業《さぎょう》は、イネの生《せい》長《ちょう》にかかせない仕事《しごと》です。

➡イネのねもとに，大《おお》きなあなをあけてすみかをつくるアメリカザリガニ。イネがたおれたり，また，あぜにあなをあけて水田《すいでん》の水《みず》もれの原因《げんいん》になるので，農《のう》家《か》の人《ひと》からきらわれている。

➘イネの葉《は》をたべてそだつイチモンジセセリの幼虫《ようちゅう》。やがて葉《は》をおりこんでさなぎになる。イチモンジセセリはチョウのなかま。

水田《すいでん》にすむ動物《どうぶつ》

水田《すいでん》には、いろいろな動物《どうぶつ》もすんでいます。タニシやコイは、水田《すいでん》の水草《みずくさ》などをたべてイネの生長《せいちょう》をたすけています。地方《ちほう》によっては、水田《すいでん》でコイを養《よう》しょくしているところもあります。

生長《せいちょう》をさまたげるガやチョウ、ウンカのような害虫《がいちゅう》もいます。ガやチョウの幼虫《ようちゅう》はイネのくきをたべ、ウンカははりのような口《くち》でイネから養分《ようぶん》をすいとるだけでなく、イネに病気《びょうき》をうつします。

↑マルタニシは，水田《すいでん》の水草《みずくさ》などをたべる。

←イネにつかまって羽化《うか》するトンボ。トンボの幼虫《ようちゅう》のヤゴは，水《すい》田《でん》の水《みず》の中《なか》でオタマジャクシやメダカなどをたべ，成虫《せいちゅう》は，水《すい》田《でん》をとびまわりながら，イネの害虫《がいちゅう》などをたべる。

←ヒルムシロの葉《は》の上《うえ》にとまったアマガエル。水田《すいでん》にやってくる害虫《がいちゅう》などをたべる。

↓カエルの子《こ》，オタマジャクシは水草《みずくさ》やモなどをたべる。水田《すいでん》は生活《せいかつ》にちょうどよい池《いけ》。

どんどんのびる

真夏《まなつ》の太陽《たいよう》がてりつけ、気温《きおん》が三十度《ど》をこえる日《ひ》がつづくころ、イネのせたけは七十センチメートルくらいになっています。葉《は》やくきの数《かず》も、どんどんふえていきます。

とめ葉《ば》という、さいごの葉《は》をつくりおわると、たくわえられた養分《ようぶん》をもとに、くきの上《うえ》のほうに、新《あたら》しい変化《へんか》がはじまっています。花《はな》になるめができはじめているのです。

このころは、ねからさかんに水分《すいぶん》や養《よう》分《ぶん》をすいあげるので、ひりょうや水《みず》がたっぷりひつようです。ですから、この時《じ》

➡夏《なつ》の太陽《たいよう》の光《ひかり》をいっぱいにあびて、葉《は》のはたらきは活発《かっぱつ》になっている。

⬅七月《がつ》下《げ》旬《じゅん》、くきの上《うえ》のほうをたてに切《き》ってみたら、花《はな》になるめができていた。

期《き》のイネをひでりからまもることが、イネつくりのなかで、もっとも苦労《くろう》する、たいせつな仕事《しごと》なのです。

→くきの上《うえ》のほうをひらいて、花《はな》のもとをかくだいしてみた。

←ほの生長《せいちょう》していくようす。時間《じかん》がたつにつれて、花《はな》がたくさんあつまったほになっていくのがわかる。

7月《がつ》25日《にち》

（1ミリメートル）

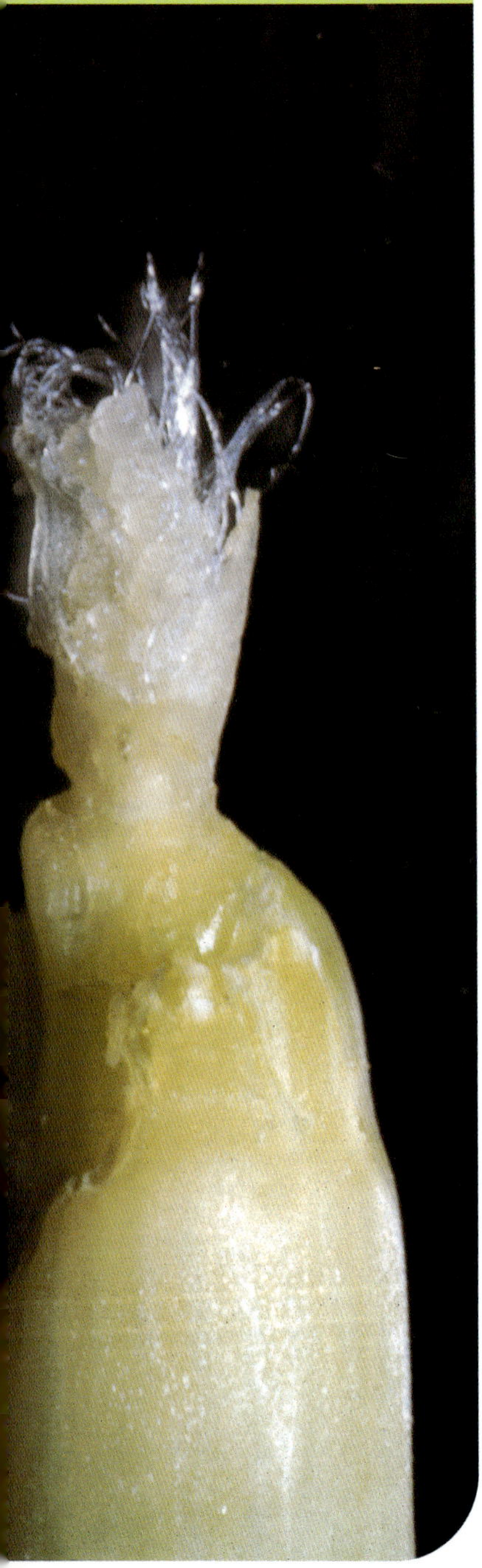

ほのできかた

花《はな》のめは大《おお》きくなるにしたがい、おしべやめしべ、しぼう、そして花《はな》をまもるもみがら（えい）などができて、花《はな》らしくなっていきます。

花《はな》は十日《とうか》ぐらいでできあがり、この花《はな》はたくさんあつまって、ほ（幼穂《ようすい》）になっています。

幼穂《ようすい》が生長《せいちょう》して、さやのようにつつんでいた葉《は》から外《そと》に顔《かお》をだすまで、花《はな》ができはじめてから二十五日《にち》ぐらいかかります。

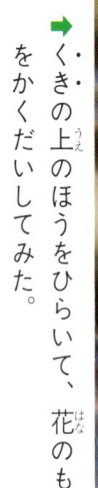

7月《がつ》27日《にち》

（2ミリメートル）

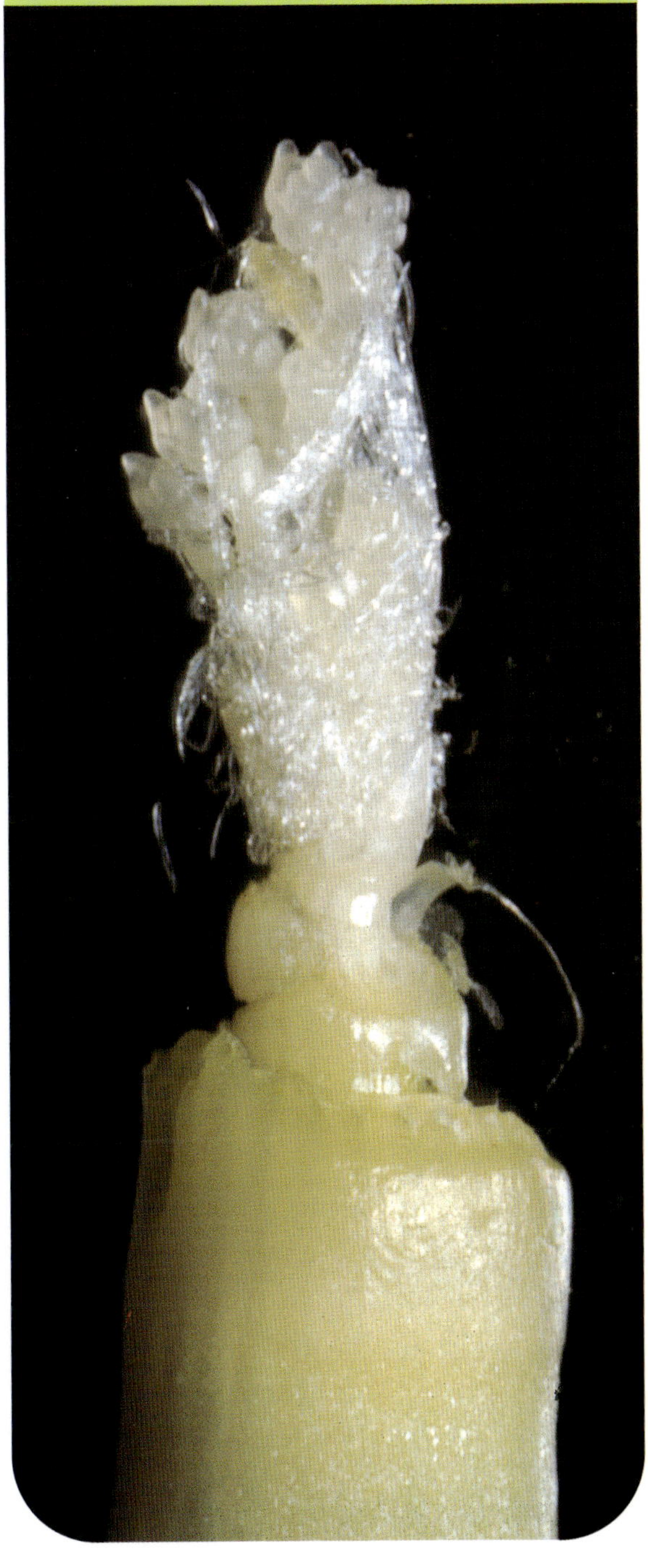

7月《がつ》29日《にち》

（3ミリメートル）

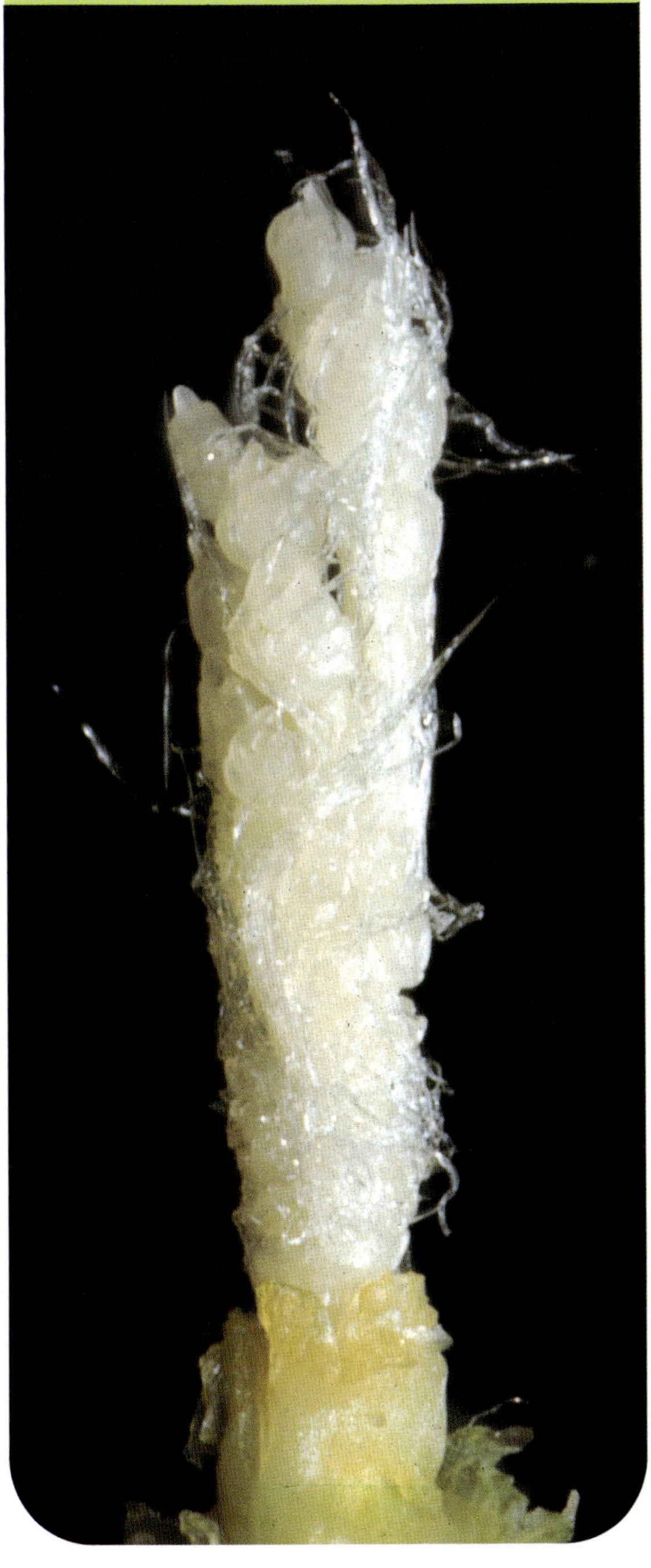

八月《がつ》九日《か》　ほがでてきた

ほが生長《せいちょう》する時期《じき》をほばらみ期《き》といい、イネの生長《せいちょう》でいちばんたいせつなときです。この時期《じき》に気温《きおん》が低《ひく》かったり、大風《おおかぜ》がふいたりすると、もみの数《かず》が少《すく》なかったり、みのらないからもみができたりします。

すっかりもみができあがると、ほをささえているくきがのびて、ほをつつんでいた葉《は》の上《うえ》におしだします。

←八月《がつ》四日《か》。ほばらみ期《き》。さやの中《なか》ではもみがらにつつまれた、たくさんの花《はな》が生長《せいちょう》している。

ほがでてきたころの水田《すいでん》（上《うえ》）と，ほをちかくからみたもの。もみがらにつつまれた花《はな》が，すずなりについているのがわかる。

こうしてすがたをみせたほは、イネの花《はな》のあつまりです。ひとつひとつの花《はな》はもみがらにつつまれ、その中《なか》には、めしべやおしべもできあがっています。

ひとつぶのたねから五～六本《ぽん》のほができ、一本《ぽん》のほに、ふつう百《ひゃく》ぐらいの花《はな》ができます。

↑←ひとつのほには，たくさんの花《はな》がさく。もみから顔《かお》をだしているのはおしべ。円内《えんない》は，もみがら（えい）をとりのぞいてみたイネの花《はな》。

十時《じ》、もみがひらきはじめる。

十時《じ》三十分《ぷん》。おしべがのびてくる。

十一時《じ》。花《か》ふんがちって受《じゅ》ふんする。

十二時《じ》。受《じゅ》ふんがおわり、もみがとじる。

八月《がつ》十日《か》　花《はな》がさいた

もみが二つにわれ、中《なか》からおしべがのびてきました。イネの花《はな》がさきはじめたのです。

やがて、おしべの頭《あたま》がわれ、花《か》ふんがでてきて、風《かぜ》がふくと、めしべの先《さき》につきます。これは、受《じゅ》ふんといって、たねづくりのじゅんびです。受《じゅ》ふんがおわった花《はな》は、すぐにとじてしまい、もう二度《ど》とひらくことはありません。

イネの花《はな》は、かならずほの上《うえ》のほうから下《した》にむかってさき、その日《ひ》か、よく日《じつ》にさきおわります。

➡めしべの頭《あたま》にたくさんの花《か》ふんがつく（右《みぎ》）。受《じゅ》ふんがおわると、しぼうがふくらんでいく（左《ひだり》）。

たねのできかた

めしべの頭《あたま》についた花《か》ふんは、ほそい管《くだ》をのばします。この管《くだ》は、めしべの下《した》の部分《ぶぶん》のしぼうとよばれる、ふくらみにまでとどきます。

しぼうには、はいのもとになるつぶがあり、花《か》ふんからのびた管《くだ》が、そこにたどりつくと、たねがそだちはじめるのです。

受《じゅ》ふん後《ご》、十日《か》ほどで、はいができあがります。はいにゅうも、葉《は》やくきからおくられてくる養分《ようぶん》で、日《ひ》ごとにふえていき、約《やく》三十日《にち》でもみはいっぱいになります。

5日《か》め　4日《か》め　3日《か》め　2日《か》め　1

●受《じゅ》ふんしてからたねができるまでのようす。上《うえ》はもみがらをとったたねだけ，下《した》はもみがらをつけたまま。

10日《か》め　7日《か》め　3日《か》め　1日《にち》め

●９月《がつ》になると，葉《は》もくきも日《ひ》ましにみどりをうしない，もみがじゅくしてくる。まだやわらかなもみは，スズメの大《だい》こうぶつ。

⬆イナゴは，イネの葉《は》が大《だい》こうぶつ。

⬆コンバインでかりとる。この機械《きかい》は，かりとりとどうじに，だっこくもしてしまう。

⬅だっこくした米《こめ》のおおくは，カントリー・エレベーターとよばれる，共同《きょうどう》の貯蔵庫《ちょぞうこ》に保管《ほかん》される。手《て》まえの建物《たてもの》でもみをかんそうさせてから，円筒形《えんとうけい》のタンクで保管《ほかん》する。

むかしながらのだっこく。自然《しぜん》かんそうさせたイネのたばを，だっこく機《き》にかけてもみをとる。

今《いま》では，おおくが機械《きかい》かんそうだが，太陽《たいよう》の光《ひかり》にあてた自然《しぜん》かんそうのほうが，米《こめ》の味《あじ》はいいといわれている。

九月《がつ》二十五日《にち》　とりいれ

みがかたく、おもく、じゅくしてくると、ほは黄色《きいろ》く色《いろ》づいてたれさがります。葉《は》もくきも、だんだんみどり色《いろ》がうすくなり、黄色《きいろ》くなってきます。

じゅうぶんみのったことをたしかめて、イネのとりいれをはじめます。

イネはねもとからかりとられ、だっこく機《き》で、ほからもみをおとします。もみはかんそう機《き》で、水分《すいぶん》が十五パーセント以下《いか》になるようにして、生《い》きたまま保管《ほかん》します。こうするとおいしさをたもてるのです。出荷《しゅっか》のときは、もみすり機《き》にかけて、もみがらとげん米《まい》にわけます。

ひとつぶのたねから、
たくさんの米《こめ》が
とれました。
かぞえてみたら、
六百《ぴゃく》十二つぶありました。
この米《こめ》は、自然《しぜん》と人間《にんげん》の
手《て》でつくられた
わたしたちのたいせつな
食《しょく》りょうです。

●円内右《えんないみぎ》から、だっこくしたもみがらつきの米《こめ》。もみすり機《き》でもみがらをとったげん米《まい》。せいまい機《き》ではいの部分《ぶぶん》をけずりおとした白米《はくまい》。

＊イネはどこから……

イネのさいばいは、いつごろはじまったのでしょうか。

中国《ちゅうごく》の長江《チョウコウ》（揚子江《ヨウスコウ》）ほとりの遺跡《いせき》からみつかったもみは、いまからおよそ七千年前《せんねんまえ》のもので、さいばいされたイネでは、世界《せかい》でもっとも古《ふる》いものです。

このほかに、中国《ちゅうごく》の雲南《ユンナン》の山岳地帯《さんがくちたい》や、インドのオリッサ州《しゅう》ジェイポールの湿原地帯《しつげんちたい》でも、古《ふる》くからイネがさいばいされていたようです。

数千年前《すうせんねんまえ》にアジア大陸《たいりく》ではじまったイネづくりは、その後《ご》、陸《りく》や島《しま》づたいに、世界各地《せかいかくち》につたわっていったと考《かんが》えられています。

日本《にっぽん》につたわったのは、ほかの地域《ちいき》よりおそく、いまから二千数百《せんすうひゃく》～三千年《ぜんねん》まえのことです。中国《ちゅうごく》の長江下流《チョウコウかりゅう》から朝鮮半島《ちょうせんはんとう》の南部《なんぶ》にわたり、そこから九州北部《きゅうしゅうほくぶ》につたわったと考《かんが》えられています。ただし、それは水田《すいでん》でさいばいするイネで、畑《はたけ》でさいばいするイネ（陸稲《りくとう》）はもっとはやい時代《じだい》に、ちがう道《みち》をやってきたと考《かんが》える学者《がくしゃ》もいます。

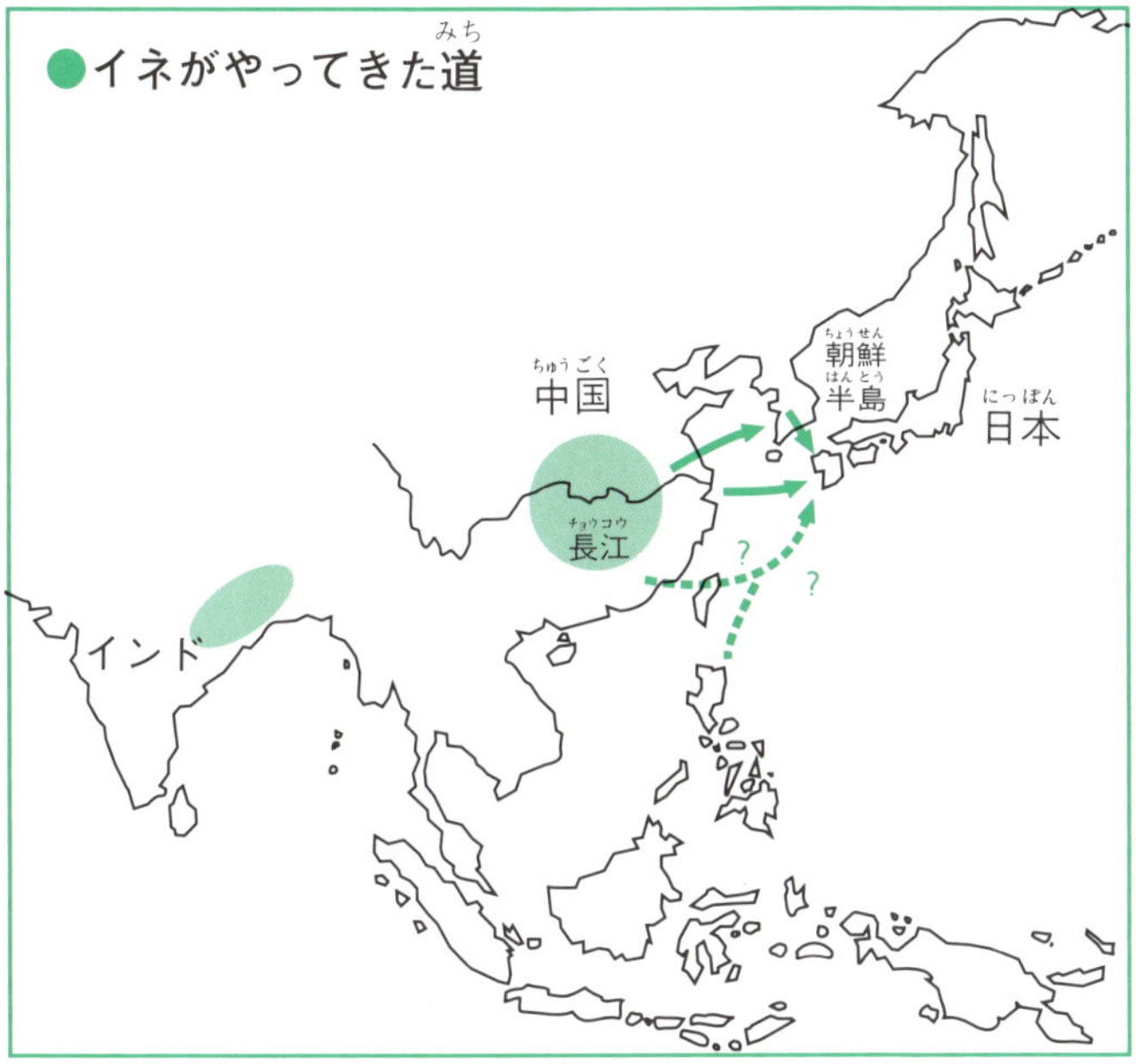

⬆熱帯《ねったい》・亜熱帯《あねったい》アジアに生《は》えている野生《やせい》のイネ，オリザ・サティバ。日本《にっぽん》のイネの祖先《そせん》と考《かんが》えられている。

⬆新潟平野《にいがたへいや》の水田《すいでん》。湿地《しっち》だったところを開《ひら》いてつくった。あぜの並木《なみき》は，以前《いぜん》はイネをほすためにつかわれていた。

⬆茨城県《いばらきけん》の水郷《すいごう》の水田《すいでん》。水田《すいでん》や水路《すいろ》にすむ小動物《しょうどうぶつ》をもとめてシラサギがやってくる。おもに“わせ”をつくっている。

日本《にっぽん》につたわったイネ（水稲《すいとう》）づくりは、はじめのころは河口近《かこうちか》くの湿地《しっち》ではじまったと考《かんが》えられています。

やがて時代《じだい》をへるうちに、ため池《いけ》をつくったり、かんがい用水《ようすい》をひいたり、また、沼《ぬま》や湖《みずうみ》を干拓《かんたく》しながら、水田《すいでん》は日本各地《にっぽんかくち》にひろがっていきました。

南北《なんぼく》に細長《ほそなが》く、山《やま》が多《おお》い日本《にっぽん》では、地域《ちいき》によって気候《きこう》がちがいます。そのため自然《しぜん》かんきょうにあったいろいろなイネが、品種改良《ひんしゅかいりょう》されてきました。

たとえば、東北《とうほく》、北海道《ほっかいどう》などの寒《さむ》い地方《ちほう》では、そだちがはやく、寒《さむ》さに強《つよ》い品種《ひんしゅ》が、四国《しこく》、九州《きゅうしゅう》などのあたたかい地方《ちほう》では、そだちがおそく、台風《たいふう》などの風《かぜ》にたえられるように、たけの低《ひく》いものがつくられてきました。

また、はやくみのるイネ、病気《びょうき》に強《つよ》いイネ、収穫《しゅうかく》の多《おお》いイネなども改良《かいりょう》されてきました。

このように日本《にっぽん》のイネは、より多《おお》くの米《こめ》を収穫《しゅうかく》するために、さまざまな環境《かんきょう》にてきした品種《ひんしゅ》の改良《かいりょう》がされてきましたが、最近《さいきん》ではおいしい米《こめ》をめざしての改良《かいりょう》がさかんです。

●米《こめ》（水陸稲《すいりくとう》）のとれ高《だか》，上位《じょうい》20県《けん》（単位《たんい》は万《まん》トン）

順《じゅん》　位《い》	生産県《せいさんけん》	生産量《せいさんりょう》	順《じゅん》　位《い》	生産県《せいさんけん》	生産量《せいさんりょう》
1	新潟《にいがた》	59.4	11	長野《ながの》	20.8
2	秋田《あきた》	47.9	12	富山《とやま》	20.4
3	北海道《ほっかいどう》	45.4	13	熊本《くまもと》	20.0
4	茨城《いばらき》	38.1	14	福岡《ふくおか》	19.5
5	山形《やまがた》	37.8	15	兵庫《ひょうご》	19.0
6	福島《ふくしま》	37.7	16	岡山《おかやま》	17.3
7	栃木《とちぎ》	31.8	17	埼玉《さいたま》	17.0
8	千葉《ちば》	30.5	18	滋賀《しが》	16.4
9	宮城《みやぎ》	28.1	19	青森《あおもり》	16.0
10	岩手《いわて》	22.6	20	愛知《あいち》	15.1

※2003年《ねん》，全国生産量《ぜんこくせいさんりょう》（玄米《げんまい》）は779.2万《まん》トン。
（農林水産省資料《のうりんすいさんしょうしりょう》より）

↑四国《しこく》の讃岐平野《さぬきへいや》に多《おお》いかんがい用《よう》のため池《いけ》。この地方《ちほう》は雨《あめ》がすくないので，ため池《いけ》がたくさんつくられてきた。

●日本《にっぽん》でさいばいされているイネのおもな品種《ひんしゅ》

	品《ひん》　種《しゅ》	特《とく》　色《しょく》	さいばいされている地方《ちほう》
うるち米《まい》	コシヒカリ	とくに味《あじ》がよいが，たおれやすくて病気《びょうき》によわい	北海道《ほっかいどう》や東北中北部《とうほくちゅうほくぶ》をのぞく全国《ぜんこく》
	ササニシキ	味《あじ》はよいが，たおれやすくて病気《びょうき》によわい	東北《とうほく》
	あきたこまち	味《あじ》がよく，病気《びょうき》にもつよい	東北北部《とうほくほくぶ》
	日本晴《にほんばれ》	たおれにくく，病気《びょうき》にもつよい	東北南部《とうほくなんぶ》から四国《しこく》・九州《きゅうしゅう》まで
	ヒノヒカリ		中国《ちゅうごく》・九州《きゅうしゅう》
	きらら397	味《あじ》がよく，寒《さむ》さにもつよい	北海道《ほっかいどう》
	ゆきひかり	寒《さむ》さにつよい	北海道《ほっかいどう》
	ひとめぼれ	味《あじ》がよく，寒《さむ》さにもつよい	東北中北部《とうほくちゅうほくぶ》
	むつほまれ	寒《さむ》さにつよい	東北北部《とうほくほくぶ》
	初星《はつぼし》		東北南部《とうほくなんぶ》・関東《かんとう》・東海《とうかい》

※日本《にっぽん》でさいばいされている“うるち米《まい》”の品種《ひんしゅ》は上《うえ》の表《ひょう》の品種《ひんしゅ》をふくめて160品《ひん》種以上《しゅいじょう》，“もち米《ごめ》”は60品種《ひんしゅ》ぐらい。品種改良《ひんしゅかいりょう》のおもな方法《ほうほう》は，よい品種《ひんしゅ》のめしべによい花《か》ふんをかけてつくりだすが，新《あたら》しい品種《ひんしゅ》ができるまで10年以上《ねんいじょう》もかかる。

*イネの病虫害《びょうちゅうがい》

➡イネの葉《は》やくきのしるをすうツマグロヨコバイ(右《みぎ》)とイネクロカラバエ(左《ひだり》)。幼《よう》虫《ちゅう》は、葉《は》をたべてそだつ。

イネの病気《びょうき》は、葉《は》やくきにカビがはえてかれたり、くさったりするものと、ウィルスによって伝染《でんせん》する病気《びょうき》とがあります。

あついはずの夏《なつ》に低温《ていおん》の日《ひ》がつづいたり、雨《あめ》ばかりふったりすると病気《びょうき》が発生《はっせい》します。

病気《びょうき》をふせぐには、水温《すいおん》や土《つち》の温度《おんど》がさがらないように、じゅうぶん注意《ちゅうい》しなければなりません。田《た》の水《みず》をあさくしたり、深《ふか》くしたりして水温《すいおん》を調節《ちょうせつ》します。山間《さんかん》の水田《すいでん》では、水《みず》をひくのに水路《すいろ》をあさく長《なが》くひいて、水温《すいおん》をあげてからいれるくふうをしています。

しかし、もっともたいせつなことは、病気《びょうき》に強《つよ》い種類《しゅるい》をえらぶことと、よいたねをえらんで、かならずしょうどくしてからじょうぶにそだてることです。

イネの病気《びょうき》のおもなものは、イモチ病《びょう》、モンガレ病《びょう》、ゴマハガレ病《びょう》、シマハガレ病《びょう》、イシュク病《びょう》、ナエグサレ病《びょう》などです。

もっともおそろしいイモチ病《びょう》の病菌《びょうきん》は、ふつうもみについて冬《ふゆ》をこし、つぎの年《とし》の発芽《はつが》のころから活動《かつどう》をはじめます。せっし二十度《ど》から二十五度《ど》ぐらいの温度《おんど》でさかんに発生《はっせい》し、三十度《ど》以上《いじょう》ではイネの生長《せいちょう》のほうが強《つよ》くなり、病菌《びょうきん》は弱《よわ》ってしまいます。ですから、じめじめした気候《きこう》のとき、もっともふえます。

ウィルスによって伝染《でんせん》する病気《びょうき》は、トビウンカ、ツマグロヨコバイなどの害虫《がいちゅう》が伝染《でんせん》させるものです。イネのわかいころに害虫《がいちゅう》が発生《はっせい》して、病気《びょうき》と害虫《がいちゅう》の二重《じゅう》のひがいをうけることになります。病気《びょうき》と害虫《がいちゅう》をころすために、薬品《やくひん》によるしょうどくをしています。

イナコウジ病《びょう》。ほに黒《くろ》いダンゴのようなものがつき、みのりがわるくなる。

イモチ病《びょう》。葉《は》イモチ、節《ふし》イモチ、モミイモチなど、ね以外《いがい》の部分《ぶぶん》をおかし、イネの病気《びょうき》でもっともひがいが大《おお》きい。

ナエグサレ病《びょう》。なわしろで温度《おんど》が低《ひく》いと発生《はっせい》し、なえがくさってしまう。

↓秋《あき》，かりとったイネの株《かぶ》から出《で》てきたくきや葉《は》。しかし，日本《にっぽん》の寒《さむ》い冬《ふゆ》はこせずにかれてしまう。

→コムギのほ。コムギはパンやうどんの原料《げんりょう》にするが、日本《にっぽん》でとれるコムギの大部分《だいぶぶん》はパンよりうどんにむいている。

イネとムギは、世界《せかい》の二大食《だいしょく》りょうです。ムギは、ヨーロッパから南北両《なんぼくりょう》アメリカ大陸《たいりく》、オーストラリアまで、ほとんど全世界《ぜんせかい》でさいばいされていますが、イネのさいばいの九十《じゅっ》パーセントはアジアで、南北《なんぼく》アメリカ、アフリカ、ヨーロッパではわずかです。

イネとムギは同《おな》じなかまの植物《しょくぶつ》ですが、いろいろな性質《せいしつ》のちがいがみられます。たとえば、イネは熱帯性《ねったいせい》の植物《しょくぶつ》ですから、温度《おんど》が高《たか》く、たくさんの水分《すいぶん》を必要《ひつよう》とします。イネはふつうセ氏《し》十度《ど》以上《いじょう》でないと発芽《はつが》しません。また、花《はな》をつくるころとほのでるころに、気温《きおん》が十七度《ど》以下《いか》の日《ひ》がなん日《にち》もつづくと、ほはでてもみのらないので、たねができません。

ところがムギは、ある一定《いってい》の低温《ていおん》の時期《じき》をすごさないと、ほができないという性質《せいしつ》があります。たねは0度《ど》でも発芽《はつが》します。そのため、ふつう秋《あき》にたねをまき、冬《ふゆ》ごしをさせて春《はる》にとりいれをするのです。

イネはもともと一年中《ねんじゅう》あたたかいところに生《は》える多年生植《たねんせいしょく》物《ぶつ》なので、ほや葉《は》がかれても、ねは生《い》きのこって新《あたら》しいくきや葉《は》をつくります。しかし、イネは日本《にっぽん》の寒《さむ》い冬《ふゆ》はこすことができず、かれてしまいます。

いっぽうムギは一年生《ねんせい》植物《しょくぶつ》で、ほや葉《は》と同《おな》じように、ねもすっかりかれてしまいます。

このようなイネとムギの性質《せいしつ》のちがいを利用《りよう》して、日本《にっぽん》では春《はる》から秋《あき》にかけてイネをつくり、秋《あき》からつぎの年《とし》の春《はる》にかけてムギをつくる、二毛作《にもうさく》をおこなっている地方《ちほう》もあります。

ムギ畑《ばたけ》になった水田《すいでん》。群馬県《ぐんまけん》は二毛作《にもうさく》で、十一月《がつ》から翌年《よくねん》の六月《がつ》までムギを植《う》える。

ビールムギ。二条《じょう》ムギともいう。オオムギのなかまで、ビールの原料《げんりょう》にする。

オオムギ。おしむぎにして食《た》べたり、ビールの原《げん》料《りょう》にしたりする。イネを収《しゅう》かくしたあとにつくる。

＊自然《しぜん》をまもってきた日本《にっぽん》のイネづくり

➡谷津田《やつだ》は，里山《さとやま》とよばれる丘陵地《きゅうりょうち》帯《たい》の谷間《たにま》につくられた水田《すいでん》で，付近《ふきん》にはわき水《みず》や小川《おがわ》が流《なが》れ，ため池《いけ》もある。まわりの山《やま》には，たいひ用《よう》の落《お》ち葉《ば》や下草《したくさ》がりをする雑木林《ぞうきばやし》がそだてられている。谷津田《やつだ》をふくめて里山《さとやま》は，日本《にっぽん》の稲作農業《いなさくのうぎょう》がつくりだした代表的《だいひょうてき》な風景《ふうけい》で，多《おお》くの生《い》き物《もの》も共存《きょうぞん》してきた。いま，この里山《さとやま》の自然《しぜん》がみなおされている。写真《しゃしん》は，神奈川県座間市《かながわけんざまし》にある谷津田《やつだ》。

日本《にっぽん》のイネづくりは、その土地《とち》の自然《しぜん》をいかしながら、何代《なんだい》にもわたり、長《なが》い時間《じかん》をかけておこなわれてきました。

農業《のうぎょう》は、自然《しぜん》に手《て》をくわえるので、自然《しぜん》をこわしている面《めん》もありますが、伝統的《でんとうてき》な日本《にっぽん》のイネづくりは、いろいろな面《めん》で、むしろ自然《しぜん》のことを考《かんが》えた、すぐれた農業《のうぎょう》だといわれています。

どんなことがすぐれているのでしょうか。しらべてみましょう。

●ひりょう　むかしから、農家《のうか》の人《ひと》たちは、いろいろな植物《しょくぶつ》がしげり、たくさんの生《い》きものがすんでいる森《もり》のゆたかさは、そこにある土《つち》のおかげだということを知《し》っていました。そこで農家《のうか》の人《ひと》たちは、養分《ようぶん》のゆたかな土《つち》づくりにつとめてきました。養分《ようぶん》は、たいひづくりによってできます。たいひは、裏山《うらやま》の森《もり》からとってきた落《お》ち葉《ば》や草《くさ》、イネかりのあとにのこったわらなどで、それに家畜《かちく》のふんなどをくわえてつくった天然《てんねん》の肥料《ひりょう》です。

たいひには、ミミズをはじめ、小《ちい》さな虫《むし》や菌類《きんるい》など、たくさんの生《い》きものがすみついて分解《ぶんかい》し、土《つち》に栄養分《えいようぶん》をあたえてくれます。祖先《そせん》からひきつがれてきた水田《すいでん》や畑《はたけ》に、毎年《まいとし》、たいひをすきこんで、もう何百年《なんびゃくねん》もたいせつにそだてられてきた土《つち》もあります。

← 各地《かくち》の山間地《さんかんち》に見《み》られる“たな田《だ》”。たな田《だ》は人《ひと》が自然《しぜん》にはたらきかけてつくりだした芸術作品《げいじゅつさくひん》。うつくしい風景《ふうけい》をつくりだすだけでなく，たいせつなダムの役目《やくめ》をしてくれる。しかし，機機《きかい》をつかった大規模《だいきぼ》な耕作《こうさく》にむいておらず，後継者《こうけいしゃ》もすくないので，近年《きんねん》，耕作《こうさく》されず放置《ほうち》される田《た》が多《おお》く，土砂《どしゃ》くずれや洪水《こうずい》が心配《しんぱい》されている。写真《しゃしん》は石川県輪島市《いしかわけんわじまし》の千枚田《せんまいだ》。自治体《じちたい》が補助金《ほじょきん》を出《だ》して，この景観《けいかん》をまもっている。

ところが、こうした伝統的《でんとうてき》なたいひをつくるには手間《てま》がかかります。べんりな化学肥料《かがくひりょう》の発達《はったつ》で、いまは、ごく一部《いちぶ》の農業《のうぎょう》でしかおこなわれていません。しかし、自然《しぜん》の力《ちから》をいかしたこのようなイネづくりのたいせつさが、また、みなおされてきています。

●水田《すいでん》は国土《こくど》をまもるダム　イネには、畑《はたけ》でつくる陸稲《りくとう》（おかぼ）もありますが、いまでは大部分《だいぶぶん》が、水田《すいでん》でつくる水稲《すいとう》です。その水田《すいでん》は、水《みず》をはるために土地《とち》をたいらにして、水《みず》がもれないように底《そこ》をかため、また、水《みず》があふれないようにあぜをつくります。

イネづくりがひろがるうちに、山《やま》の多《おお》い地方《ちほう》では、山《やま》の中《なか》にも水田《すいでん》がつくられるようになりました。山《やま》にふった雨《あめ》や雪《ゆき》は、森《もり》の地面《じめん》にしみこみ、やがて養分《ようぶん》をとかしこんだ地下水《ちかすい》となってわきだしてきます。その水《みず》は山《やま》あいの水田《すいでん》にながれこみ、イネをそだてます。さらに、水《みず》は流《なが》れて平野《へいや》の水田《すいでん》のイネもそだてます。

このように水田《すいでん》は、山《やま》の多《おお》い日本《にっぽん》にあって、国土《こくど》を土砂《どしゃ》くずれや洪水《こうずい》からまもるダムのやくめもしています。

また、イネづくりには、いっぱい水《みず》がいるので、地下《ちか》に水《みず》をたくわえる森《もり》もたいせつにします。イネづくりは水田《すいでん》というダムを用意《ようい》するだけでなく、森《もり》という天然《てんねん》のダムもまもります。

イネをそだてよう

3月20日 たねえらび

7日間水につける

15度くらいの水につけて、めがでやすくする。

4月1日 たねまき

水が深いと、めをだすのがおそく、そだちもおそくなる。

4月4日 めがでた

水温：30度（適温）
めがでて、寒いときは、ビニールなどでおおいをする。

たねをえらぶ

ビーカーに水百立方センチメートル、食塩十三グラムのわりあいで食塩水をつくり、もみをいれてかきまぜます。しずんだもみだけを水であらい、約十五度の水に七日ほどつけておきます。

たねまき

さいばい用ポットを用意して、畑かたんぼの土をこまかくよくかきまぜていれ、土がひたるくらいに水をいれます。もみはなるべくあさく、土にかくれるていどに三十つぶくらいまきます。そして、日あたりのよいところにおきます。

めがでた

めがでたら、二〜三日ごとにぬきとって、発芽のようすを記録しましょう。そのときの天気、気温、水温もかならず書いておきます。

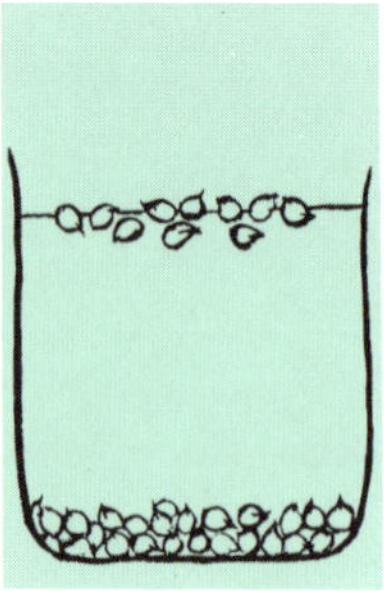

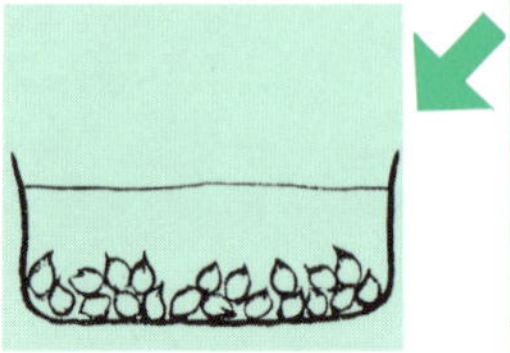

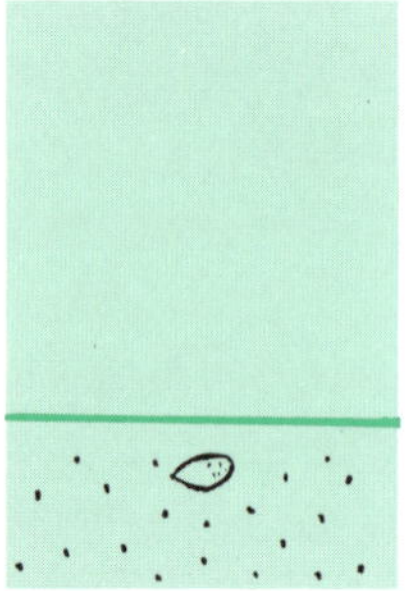

5月《がつ》15日《にち》

田《た》植《う》え（うえかえ）

水温《すいおん》：20度《ど》以上《いじょう》
水深《すいしん》：２～６㎝
ねがつくまでの１週間《しゅうかん》は水《みず》をたっぷりいれる。

5月《がつ》25日《にち》

分《ぶん》けつをはじめた

水温《すいおん》：20度《ど》以上《いじょう》
水深《すいしん》：３㎝くらい
とくに水温《すいおん》がさがらないようにする。

6月《がつ》1日《たち》

肥料《ひりょう》いれ、草《くさ》とり

黄色《きいろ》くなったものは，肥料不足《ひりょうぶそく》。肥料《ひりょう》をいれてやる。害虫《がいちゅう》がついたら殺虫剤《さっちゅうざい》をまく。

6月《がつ》20日《か》

なかぼし

田《た》植《う》え（うえかえ）

なえが二十センチメートルくらいになったら、いっぺんぜんぶぬいて、一本うえ、三本《ぼん》うえ、五本《ほん》うえに区別《くべつ》してうえかえます。

田植《たう》え後《ご》、一週間《しゅうかん》くらいしたら水《みず》の深《ふか》さを調節《ちょうせつ》しましょう。天気《てんき》のよい日中《にっちゅう》は、二センチメートルくらい、夕方《ゆうがた》から夜《よる》は六センチメートルくらいにします。水温《すいおん》はなるべく二十度《ど》以上《いじょう》をたもちます。

分《ぶん》けつ期《き》

分《ぶん》けつがはじまったら、ねの発育《はついく》をたすけるために、水《みず》は少《すく》なめにしましょう。分《ぶん》けつ、ひげねのようすをスケッチしておきましょう。

なかぼし

土《つち》の中《なか》に空気《くうき》が不足《ふそく》すると、ねがくさってしまいます。この時期《じき》に、ねぐされをふせぐために、五日間《かかん》くらい、土《つち》の表面《ひょうめん》がわずかにひびわれのできるていどに、水《みず》をなくします。

7月《がつ》1日《たち》

ほのできるころ

水温《すいおん》：25度《ど》
水深《すいしん》：5㎝くらい
日中《にっちゅう》はときどき水《みず》をあさくして，ねに空気《くうき》をおぎなう。

8月《がつ》13日《にち》

花《はな》がさいた

水温《すいおん》：30度《ど》
水深《すいしん》：5㎝
強《つよ》い風《かぜ》がふくと，みのりません。風《かぜ》に気《き》をつけよう。

8月《がつ》20日《か》

ほがたれてきた

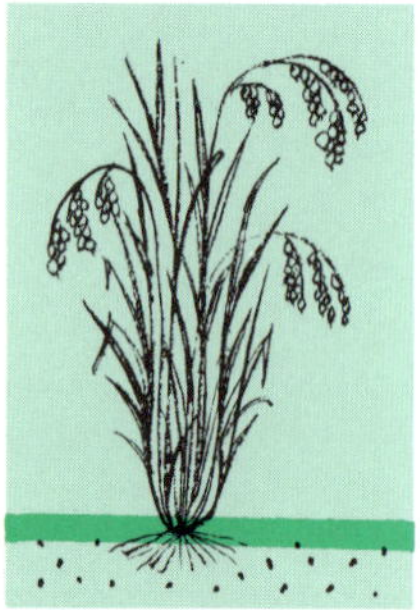

水温《すいおん》：30度《ど》
水深《すいしん》：3㎝
みがかたくなると，水《みず》はもういらない。

9月《がつ》10日《か》

イネかり

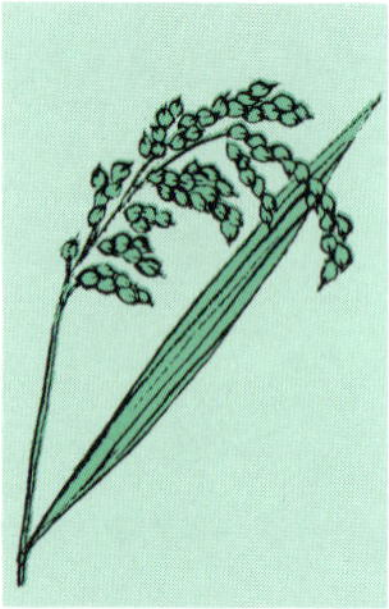

ほのできるころ

分《ぶん》けつ期《き》がおわり、ほができはじめます。ねもとから四～五センチメートルのところをかるくおすと節《ふし》がふくらんでいます。その上《うえ》のところにほのもとがうまれ、十日《か》くらいで幼穂《ようすい》ができあがります。やがて、やりのようにとがった短《みじか》いさいごのとめ葉《ば》がでると、ほがでてきます。農家《のうか》では、この時期《じき》は、ほをいためるのでけっしてたんぼにはいりません。

花《はな》がさいた

ほがでたつぎの日《ひ》、さきにでてきた部分《ぶぶん》からじゅんに花《はな》がさいていきます。水《みず》が不足《ふそく》するとみになりません。たっぷりやりましょう。

ほがたれた

花《はな》がおわって四～五日《にち》すると、ほはさきのほうからたれはじめ、十日《か》ほどでみがおもく、たれさがります。ほがたれはじめると、水《みず》は少《すこ》し、かたくなると水《みず》はもういりません。

●新食糧法《しんしょくりょうほう》による米《こめ》の流通《りゅうつう》ルート

（1995年《ねん》11月《がつ》より）

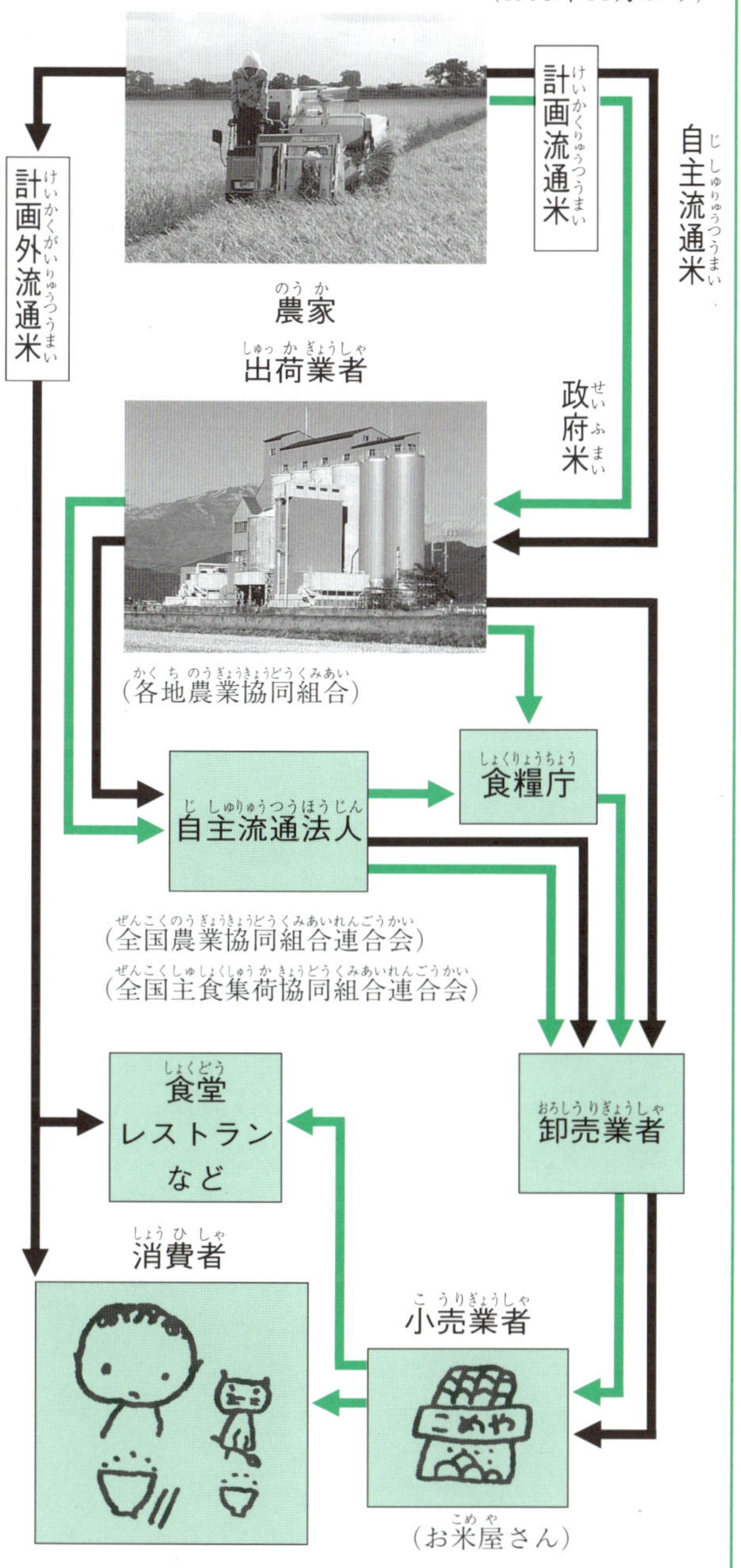

〈農家《のうか》では…〉

9月《がつ》20日《か》 もみすり機《き》

9月《がつ》17日《にち》 だっこく

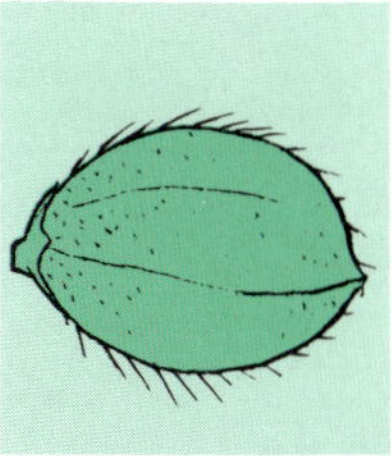

※この記録《きろく》は，関東地方《かんとうちほう》でおこなわれている農《のう》作業《さぎょう》とイネの生長《せいちょう》のようすをまとめたものです。イネつくりは，地方《ちほう》の気候《きこう》によって約《やく》1か月《げつ》くらいの差《さ》があります。しかし，たねまきはおそくても5月上旬《がつじょうじゅん》にすませます。

イネかり

みをおして、かたく色《いろ》づいてきたらイネをかりとりましょう。

だっこく

かりとったイネは、よく日《ひ》のあたる場所《ばしょ》でかんそうさせて、ほからもみをとります。大《おお》きなほには百《ひゃく》～百《ひゃく》五十つぶくらいのもみがとれます。一本《ぽん》のイネから、なん本《ぼん》にふえ、なんつぶになったか、かぞえてみましょう。

改訂版《かいていばん》・あとがき

日本《にっぽん》の各地《かくち》を旅行《りょこう》すると、どんな小《ちい》さな谷間《たにま》でも、信濃川《しなのがわ》のような大《おお》きな川《かわ》でも、水《みず》の流《なが》れにそって、その土地《とち》にふさわしい水田《すいでん》がつくられているのを見《み》ることができます。水田《すいでん》のある風景《ふうけい》には、かならず人《ひと》びとのくらしがあり、そこには何百年《なんびゃくねん》もの歴史《れきし》や文化《ぶんか》がひきつがれています。

ところが、それが日本《にっぽん》からなくなってしまうかもしれないのです。

いま、日本全国《にっぽんぜんこく》でつくられている米《こめ》は、一年間《ねんかん》に約《やく》一千万《せんまん》トン、その量《りょう》は日本人《にっぽんじん》が食《た》べる米《こめ》の量《りょう》とほぼ同《おな》じです。これ以上《いじょう》つくると米《こめ》があまって、米《こめ》の値段《ねだん》が安《やす》くなり、農家《のうか》の経営《けいえい》がなりたたないという理由《りゆう》で、国《くに》の指導《しどう》で生産調整《せいさんちょうせい》がおこなわれています。そのため米《こめ》づくりもせず、放置《ほうち》された水田《すいでん》があります。

いっぽう、一九九六年《ねん》から、外国《がいこく》の米《こめ》を買《か》うことになり、国内《こくない》で自由販売《じゆうはんばい》のできなかった日本《にっぽん》の米《こめ》も、自由《じゆう》に売《う》ることができるようになりました。

このままでは、競争《きょうそう》に勝《か》てない農家《のうか》は、米《こめ》づくりをつづけていけません。

農家《のうか》の人《ひと》たちが米《こめ》づくりをやめ、外国《がいこく》の米《こめ》にたよるようになり、もし、気候《きこう》の異変《いへん》や国《くに》と国《くに》との争《あらそ》いで、食《しょく》りょうが手《て》に入《はい》らなくなったときは、わたしたちはいったいどうなるのでしょうか。また、日本《にっぽん》からどんどん水田《すいでん》がなくなったら、水田《すいでん》とともに歩《あゆ》んできた日本《にっぽん》の山《やま》や川《かわ》はどうなるのでしょうか。

改訂《かいてい》にあたり、そんなことも考《かんが》えてもらえればと思《おも》いました。

守矢《もりや》　登《のぼる》

（一九九八年五月）

NDC479

守矢　登

科学のアルバム 植物 4

イネの一生

あかね書房 2022

54P 23×19cm

科学のアルバム

イネの一生

一九七三年九月初版
一九九八年五月改訂版
二〇〇五年 四 月新装版第 一 刷
二〇二二年一〇月新装版第一二刷

著者　守矢　登

発行者　岡本光晴
発行所　株式会社 あかね書房
〒一〇一―〇〇六五
東京都千代田区西神田三―二―一
電話〇三―三二六三―〇六四一（代表）
ホームページ http://www.akaneshobo.co.jp

印刷所　株式会社 精興社
写植所　株式会社 田下フォト・タイプ
製本所　株式会社 難波製本

© N.Moriya 1973 Printed in Japan
ISBN978-4-251-03326-0
定価は裏表紙に表示してあります。
落丁本・乱丁本はおとりかえいたします。

○表紙写真

・もみからのびてきたおしべ

○裏表紙写真（上から）

・田植《たう》えがちかづいたころのなえ

・たねのしくみ

・水田《すいでん》の雑草《ざっそう》や害虫《がいちゅう》を食《た》べるアイガモ

○扉写真

・たくさんの花《はな》がさいているイネのほ

○目次写真

・水田《すいでん》のある風景《ふうけい》

科学のアルバム

全国学校図書館協議会選定図書・基本図書
サンケイ児童出版文化賞大賞受賞

虫

モンシロチョウ
アリの世界
カブトムシ
アカトンボの一生
セミの一生
アゲハチョウ
ミツバチのふしぎ
トノサマバッタ
クモのひみつ
カマキリのかんさつ
鳴く虫の世界
カイコ まゆからまゆまで
テントウムシ
クワガタムシ
ホタル 光のひみつ
高山チョウのくらし
昆虫のふしぎ 色と形のひみつ
ギフチョウ
水生昆虫のひみつ

植物

アサガオ たねからたねまで
食虫植物のひみつ
ヒマワリのかんさつ
イネの一生
高山植物の一年
サクラの一年
ヘチマのかんさつ
サボテンのふしぎ
キノコの世界
たねのゆくえ
コケの世界
ジャガイモ
植物は動いている
水草のひみつ
紅葉のふしぎ
ムギの一生
ドングリ
花の色のふしぎ

動物・鳥

カエルのたんじょう
カニのくらし
ツバメのくらし
サンゴ礁の世界
たまごのひみつ
カタツムリ
モリアオガエル
フクロウ
シカのくらし
カラスのくらし
ヘビとトカゲ
キツツキの森
森のキタキツネ
サケのたんじょう
コウモリ
ハヤブサの四季
カメのくらし
メダカのくらし
ヤマネのくらし
ヤドカリ

天文・地学

月をみよう
雲と天気
星の一生
きょうりゅう
太陽のふしぎ
星座をさがそう
惑星をみよう
しょうにゅうどう探検
雪の一生
火山は生きている
水 めぐる水のひみつ
塩 海からきた宝石
氷の世界
鉱物 地底からのたより
砂漠の世界
流れ星・隕石